Wo leben die Tiere unserer Welt?

Thomas Müller,
geboren 1955 in Döbeln, hat an der Hochschule
für Grafik und Buchkunst in Leipzig studiert
und lebt heute als freier Illustrator in Leipzig.

Thomas Müller (Text & Bilder)
Wo leben die Tiere unserer Welt?

Bibliografische Information der Deutschen Bibliothek
Die Deutsche Bibliothek verzeichnet diese Publikation in der
Deutschen Nationalbibliografie;
detaillierte bibliografische Daten sind im
Internet über http://dnb.ddb.de abrufbar.

Umschlaggestaltung: Thomas Müller
Umschlagtypographie: heike ossenkop pinxit, Basel

Printed in Austria
ISBN 3-491-42046-6
www.patmos.de

Thomas Müller

Wo leben die Tiere unserer Welt?

Patmos

Inhalt

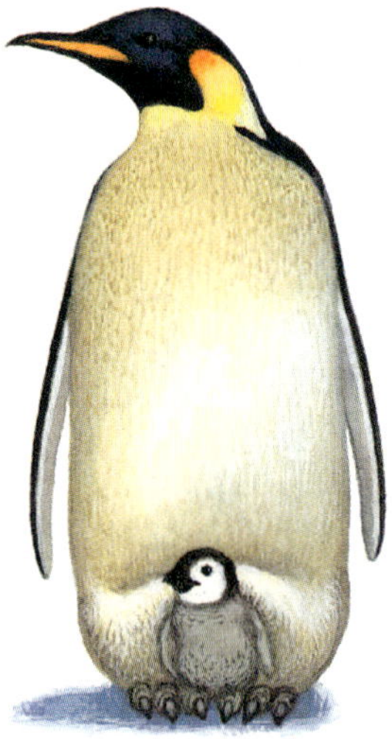

Der Wald

Tiere im Wald

Im Wald leben viele Tiere. Sie finden dort Schutz und Nahrung. Im Winter, wenn die Blätter von den Bäumen gefallen sind, bietet der Wald einen ganz anderen Anblick als im Sommer. Viele Tiere halten dann auch ihren Winterschlaf.

Der Buntspecht
Spechte meißeln sich mit ihrem starken Schnabel Baumhöhlen, in denen sie ihre Eier ausbrüten. Der Buntspecht frisst kleine Tiere, die auf oder unter der Baumrinde leben.

Der Eichelhäher
Eine der lautesten Stimmen im Wald gehört dem Eichelhäher. Mit seinen heiseren Rufen warnt er andere Vögel vor Gefahr.

Der Fuchs
Der Fuchs ist scheu und anpassungsfähig. Weil er die Krankheit Tollwut übertragen kann, wird er immer wieder stark verfolgt. Oft teilt er seinen Bau mit den Dachsen.

Der Dachs
Der Dachs ist ein scheues Tier, das in der Dämmerung und nachts schnüffelnd durch den Wald streift. Auf dem Waldboden sucht er nach Fressbarem. Den Tag verschlafen Dachse in ihrem selbst gegrabenen Bau.

Das Wildschwein
Wildschweine suhlen sich gern im Schlamm. Sie leben in Gruppen und suchen auf dem Waldboden nach Nahrung. Junge Wildschweine nennt man Frischlinge, die Mutter Bache, den Vater Keiler.

Der Kuckuck
Der Kuckuck legt seine Eier in die Nester fremder Vögel. Diese Vögel brüten dann das Ei des Kuckucks aus und ziehen den jungen Kuckuck groß.

Der Habicht
Der Habicht ist ein wendiger und starker Greifvogel, der Tiere bis zur Größe von Fasan und Hase jagt.

Das Eichhörnchen
Das Eichhörnchen ist ein geschickter Kletterer. Es frisst Nüsse und andere Waldfrüchte. In seinem Nest, dem Kobel, hält es Winterschlaf.

Der Feuersalamander
An feuchten Stellen des Waldes lebt der Feuersalamander. Er wird bis zu 28 cm lang und ernährt sich von Würmern, Schnecken und Larven.

Der Hirsch
Hirsche sind die größten Säugetiere des Waldes. Nur die Männchen tragen ein Geweih, mit dem sie im Herbst ihre Revierkämpfe austragen. Im Winter werfen sie das Geweih ab. Dann beginnt langsam ein neues zu wachsen.

Die Antarktis

Tiere der Antarktis

Die Antarktis ist der kälteste Ort der Welt. Die Tiere dieses Gebietes sind an die Kälte und das Leben im ewigen Eis angepasst: Viele von ihnen haben eine dicke Speck- oder Fettschicht. Das Eismeer ist reich an Fisch und Plankton.

Der Seeleopard
Der Seeleopard gehört zu den Robben. Er wird bis zu 3,5 m lang. Der Seeleopard macht Jagd auf Fische, auf andere Robben und auf Pinguine.

Der Albatros
Diese große Möwe verbringt die meiste Zeit im Segelflug über dem offenen Meer. Auf dem Land ist der Albatros eher ungeschickt. Vor allem Start und Landung machen ihm Schwierigkeiten.

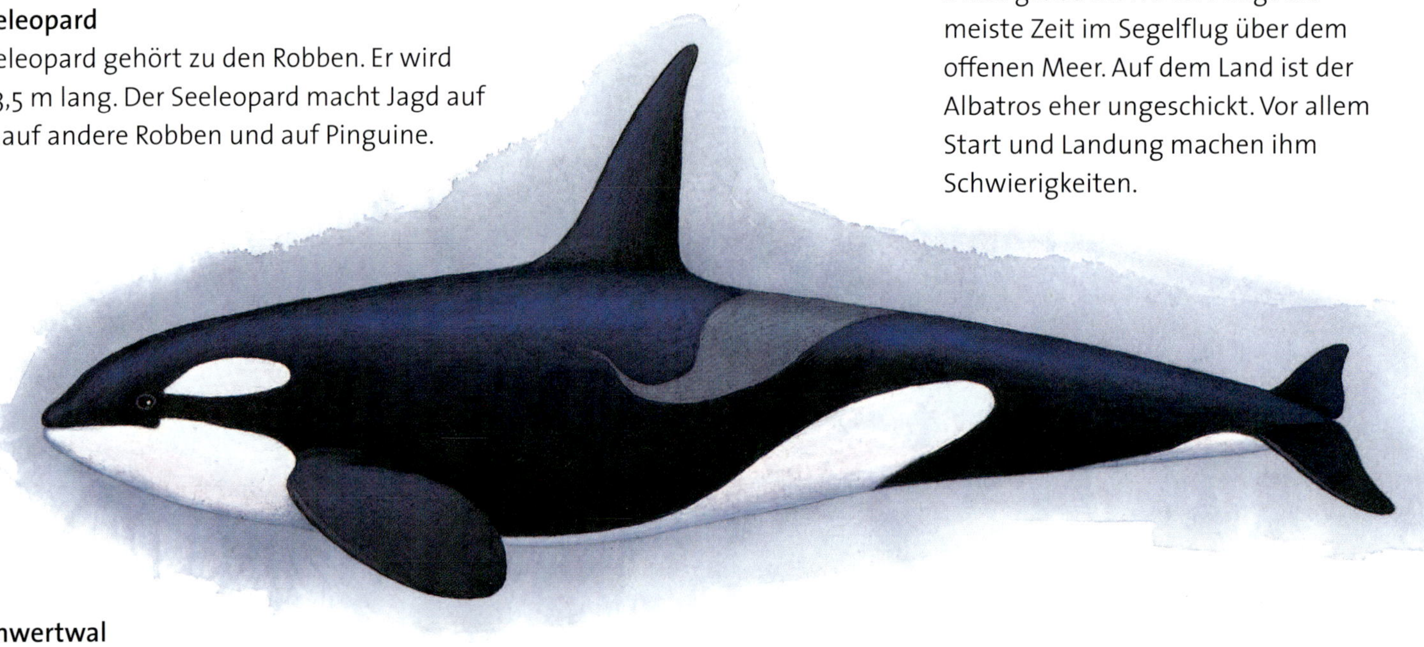

Der Schwertwal
Der Schwertwal lebt in Familiengruppen. Gemeinsam macht eine solche Gruppe von Schwertwalen auch Jagd auf andere Meeressäuger und große Fische. Seinen Namen verdankt der Schwertwal seiner großen Rückenflosse.

Der Seeelefant
Das Männchen dieser mächtigen Robbe kann bis zu 6 m lang werden. Seeelefanten ernähren sich von Fischen und Tintenfischen und können bis zu 400 m tief tauchen.

Die Raubmöwe
Die Raubmöwe jagt anderen Vögeln gern die Beute ab. Außerdem hat sie es auch auf Eier und junge Vögel abgesehen.

Der Adéliepinguin
Der Adéliepinguin ist, wie alle Pinguine, auf dem Land ein wenig ungeschickt. Doch er ist ausgezeichnet an das Leben im Wasser angepasst. Eine dicke Fettschicht schützt ihn vor Kälte.

Der Königspinguin
Pinguine sind Vögel, die nicht fliegen können. Ihre Flügel benutzen sie wie Flossen. Der Königspinguin ist 1 m groß und ein geschickter Schwimmer.

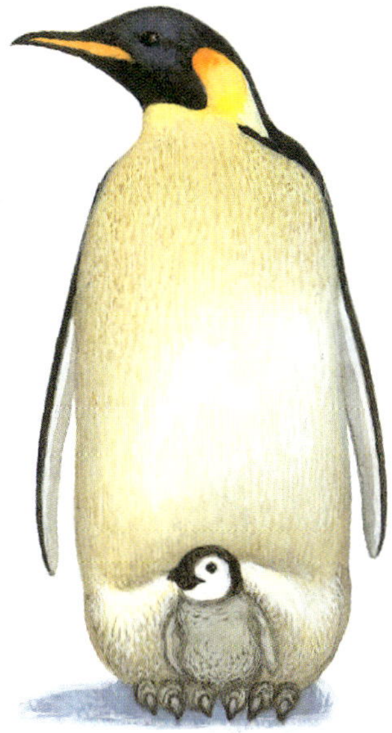

Der Kaiserpinguin
Der Kaiserpinguin ist mit 1,22 m der größte aller Pinguine. Das Männchen brütet im arktischen Winter zwei Monate. Es balanciert das Ei auf seinen Füßen unter einer Hautfalte.

Der Blauwal
Der Blauwal ist das größte Lebewesen, das jemals auf der Erde gelebt hat. Er wird bis zu 33 m lang. Selbst die Saurier der Urzeit waren nicht so groß. Der Blauwal ist vom Aussterben bedroht.

Der Seebär
Seebären tragen einen dichten Pelz. Nur zur Fortpflanzung kommen sie in Scharen an Land. In der übrigen Zeit unternehmen sie weite Wanderungen auf hoher See.

Der Bauernhof

Tiere auf dem Bauernhof

Auf dem Bauernhof werden verschiedene Tiere von Menschen gehalten. Neben diesen Nutztieren lebt auch eine Vielzahl anderer Tiere gern in der Nähe der Ställe und Bauernhäuser.

Das Schwein
Das Hausschwein stammt vom Wildschwein ab. Es sieht aber anders aus als sein Vorfahr. Weibliche Hausschweine nennt man Sauen. Sie können zweimal im Jahr bis zu 14 Ferkel bekommen.

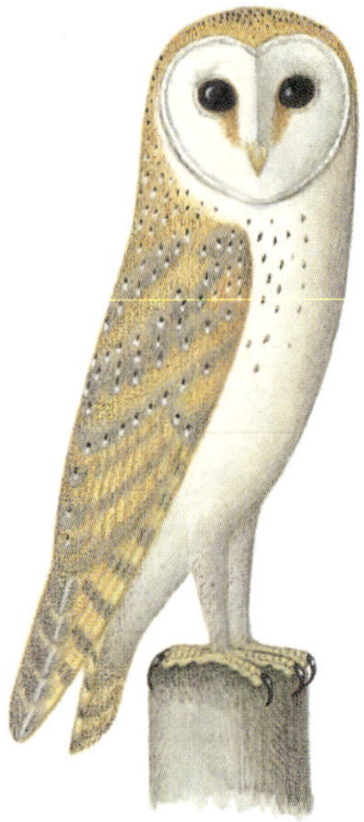

Die Schleiereule
Eulen sind Nachttiere. Am Tag dösen sie an einem geschützten Ort. Schleiereulen brüten in dunklen Nischen in Scheunen oder auf Kirchtürmen.

Der Steinmarder
Der Steinmarder ist ein heimlicher Jäger der Nacht. Er ist bei uns recht häufig und lebt oft in der Nähe des Menschen. Er frisst nicht nur kleine Tiere, sondern auch Früchte. Manchmal beißt er Elektrokabel von Autos durch. Man weiß nicht, warum.

Das Schaf
Schafe liefern Wolle, Fleisch und Milch. Sie sind sehr genügsame Tiere, die leicht zu halten sind.

Das Pferd
Früher wurden Pferde für die Arbeit auf dem Feld gebraucht. Heute gibt es dafür Maschinen. Pferde werden hauptsächlich als Reittiere genutzt. Es gibt viele verschiedene Rassen von Pferden.

Die Rauchschwalbe
Rauchschwalben sind geschickte Flieger. Im Flug erhaschen sie Mücken und Fliegen. Sie bauen kunstvolle Nester im Innern von Gebäuden. Den Winter verbringen sie in Afrika.

Die Gans
Gänse haben Schwimmhäute zwischen den Zehen und können gut schwimmen. Obwohl sie Wasservögel sind, halten sie sich gern an Land auf.

Das Huhn
Die wilden Vorfahren des Haushuhns leben in Indien. Heute werden Hühner meistens in großen Farmen gehalten. Das männliche Huhn nennt man Hahn.

Die Kuh
Die Kuh gibt Milch, aus der auch Butter und Käse gemacht wird. Im Sommer sind Kühe auf der Weide. Den Winter verbringen sie im Stall.

Die Ziege
Ziegen sind sehr zutraulich.
Am liebsten sind sie draußen auf der Wiese.

Das Korallenriff

Tiere im Korallenriff

Das Korallenriff besteht aus vielen, vielen, winzig kleinen Tieren, den Polypen, die Kalk absondern und so das Riff bilden. Es bietet sehr vielen Tieren Schutz und Nahrung.

Der Riffhai

Es gibt viele verschiedene Arten von Haien. Die meisten sind für den Menschen ungefährlich. Haie haben kein Skelett aus Knochen, sondern Knorpel. Ihre Haut fühlt sich an wie Sandpapier.

Der Fregattvogel

Fregattvögel stürzen sich aus der Luft ins Wasser um Fische zu fangen. Wenn das Männchen des Fregattvogels balzt, pumpt es Luft in seinen roten Kehlsack.

Der Delfin

Delfine gehören zu den Walen. Sie atmen mit Lungen. Delfine leben gesellig im warmen Meer. Unter Wasser orientieren sie sich mit Ultraschalltönen.

Die Qualle

Es gibt viele verschiedene Arten von Quallen. Manche haben lange Nesselfäden, mit denen sie ihre Beute lähmen.

Die Muräne

Die Muräne versteckt sich im Korallenriff. Manche Muränenarten fressen Fische, andere Krebse und Seeigel. Muränen werden ungefähr 1,5 m lang.

Das Seepferdchen
Das Seepferdchen hält sich mit seinem Schwanz an Wasserpflanzen fest. Das Männchen brütet in einer Bauchtasche die Eier aus.

Der Tintenfisch
Tintenfische sind keine Fische, sondern Weichtiere. Bei Gefahr spritzen sie eine Flüssigkeit ins Wasser, aus der man früher tatsächlich Tinte hergestellt hat.

Der Papageifisch
Die leuchtenden Farben des Papageifisches dienen zur Tarnung und zur Abschreckung der Feinde. Mit seinem Schnabel knabbert der Papageifisch kleine Stückchen von den Korallen ab.

Die Korallenfische
Korallenfische sind prächtig gefärbte Fische, die sich Korallenriffe als Wohnort gewählt haben.

Die Korallen
Korallen sind Tiere, die im tropischen Meer dicht unter der Wasseroberfläche leben. Sehr, sehr viele dieser klitzekleinen Tiere leben gemeinsam in einer Kolonie. Sie sondern Kalk ab, auf dem immer wieder neue Korallen wachsen. So wird das Riff immer größer. Es gibt viele verschiedene Korallen.

Tiere in Feld und Wiese

Die Feld- und Wiesenlandschaft ist sehr abwechslungsreich und bietet Lebensraum für viele Tiere. Wichtig sind Hecken und Sträucher. Dort können sich die Tiere gut verstecken und ungestört ihre Jungen aufziehen.

Das Kaninchen
Das Kaninchen hat Ähnlichkeit mit dem Hasen, ist aber kleiner und lebt gesellig in einem Erdbau. Dort bringen die Kaninchen ihre zahlreichen Jungen zur Welt. Im Alter von drei Wochen erkunden die jungen Kaninchen zum ersten Mal die Umgebung ihres Baues.

Die Heuschrecke
Mit ihren beiden Hinterbeinen kann die Heuschrecke gewaltige Sprünge machen. Das Zirpen erzeugt sie durch Reiben der Flügel an den Hinterbeinen. Es gibt viele verschiedene Arten von Heuschrecken.

Der Hase
Hasen sind sehr flinke Läufer. Um sich vor Feinden zu retten, schlagen sie Haken. Sie wechseln im Sprung die Laufrichtung und entkommen so oft ihrem Verfolger.

Die Feldmaus
Feldmäuse gehören zu den Wühlmäusen. In manchen Jahren vermehren sie sich so stark, dass sie zu einer Plage werden können.

Der Fasan
Dieses Wildhuhn ist vor langer Zeit aus Asien eingeführt worden. Der Fasan kann gut laufen, fliegt aber ungern. Die Fasanenhenne ist unauffällig gefärbt. In einem Nest auf dem Boden brütet sie bis zu fünfzehn Eier aus.

Der Mäusebussard
Der Mäusebussard ist ein häufiger Greifvogel. Oft sieht man ihn weit oben am Himmel seine Kreise ziehen. Mit seinen scharfen Augen hält er Ausschau nach Beute.

Der Hamster
Der Hamster lebt in der Nähe von Feldern in Gängen und Kesseln. Dort legt er sich einen Vorrat an Körnern für den Winter an.

Der Distelfalter
Der Distelfalter ist einer der schönsten Tagfalter. Aus dem Ei schlüpft die Raupe, die sich dick und rund frisst. Dann verpuppt sie sich. Aus der Puppe schlüpft der fertige Falter.

Das Reh
Das Reh verlässt in der Dämmerung das schützende Dickicht, um am Waldrand und auf Wiesen zu grasen. Der Rehbock trägt ein Gehörn.

Das Rebhuhn
Das Rebhuhn ist ein kleiner Hühnervogel. Es liebt einen abwechslungsreichen Lebensraum mit Wiesen, Feldern und Gebüsch.

Der tropische Regenwald

Tiere im tropischen Regenwald

Im tropisch-feuchten Klima des Regenwaldes gibt es eine ungeheuer große Artenvielfalt an Pflanzen und Tieren. Durch das Laubdach der großen Bäume dringt wenig Licht bis auf den Boden. Der Regenwald hat eine wichtige Bedeutung für das gesamte Klima der Erde.

Der Morphofalter
Typisch für diesen großen Tagfalter ist sein blau-metallischer Glanz.

Der Ara
Der Ara ist ein sehr geselliger Papagei. In Scharen durchstreift er lärmend den Wald. Mit seinem kräftigen Schnabel kann er sogar Nüsse knacken.

Die Harpyie
Die Harpyie ist einer der kräftigsten Greifvögel überhaupt. Sie gehört zu den Adlern und jagt in den Kronen der Baumriesen vor allem nach Affen und Faultieren.

Der Jaguar
Der Jaguar ist die größte Raubkatze Amerikas. Er braucht ein großes Jagdrevier. Das Abholzen der Tropenwälder hat seinen Lebensraum stark reduziert. Aus diesem Grund – und weil er wegen seines schönen Felles gejagt wurde – ist der Jaguar heute selten geworden.

Das Faultier
Das Faultier ist ausgezeichnet an das Leben in den Baumkronen angepasst. An seinen starken Krallen hängend bewegt es sich langsam auf der Suche nach seiner Nahrung, die aus Blättern und Früchten besteht.

Der Tukan
Dank vieler kleiner Luftkammern ist der gewaltige Schnabel des Tukan ganz leicht. Der Tukan ernährt sich von Früchten und Beeren, macht aber auch Jagd auf Eidechsen und junge Vögel.

Der Nasenbär
Der Nasenbär gehört zu den Kleinbären. Er kann gut klettern und durchstreift in Gruppen den Wald, wo er auf dem Boden nach Nahrung sucht.

Der Brüllaffe
Wie schon sein Name sagt, ist der Brüllaffe in der Lage, mächtige Schreie auszustoßen. Er lebt in kleinen Trupps in den Kronen der Bäume

Die Boa
Die Boa ist eine Riesenschlange, die bis zu 4 m lang wird. Sie umschlingt ihre Beute und erwürgt sie mit ihrem kräftigen Leib, um sie dann im Ganzen zu verschlingen.

Der Tapir
Tapire können gut schwimmen. Außerhalb der Paarungszeit leben sie einzeln. Ein Weibchen bringt immer nur ein Junges zur Welt.

ANDY

Tiere in der Stadt

Selbst die Stadt mit ihrem Lärm, den Häusern und Autos bietet an geschützten Orten Lebensraum für Tiere. Oft haben sich diese Tierarten über lange Zeit an die Nähe des Menschen gewöhnt.

Die Amsel
Früher war die Amsel ein Waldvogel. Sie folgte dem Menschen in Dörfer und Städte. Hier fällt sie durch ihren schönen Gesang auf.

Die Taube
In vielen Städten leben verwilderte Haustauben. Dort finden sie genug Futter. Sie können sich so stark vermehren, dass sie zu einer Plage werden.

Der Mauersegler
In erstaunlichem Tempo jagen die Mauersegler am Himmel. Fast ihr gesamtes Leben verbringen sie in der Luft. Dort können sie sogar fliegend schlafen.

Der Turmfalke
Dieser schlanke Greifvogel ist ein geschickter Flieger und Jäger. Seinen Nistplatz sucht er sich in hohen Gebäuden. Weithin schallt sein heller Ruf.

Der Hund
Hunde sind die ältesten Haustiere der Menschen. Urahn der Hunde ist der Wolf. Durch Zucht entstanden bis heute etwa 400 Hunderassen.

Der Igel
Igel haben Unmengen von Stacheln auf dem Rücken. Bei Gefahr rollen sie sich zu einer Kugel zusammen. Im Herbst suchen sie im Laub einen Platz für den Winterschlaf.

Der Sperling
Sperlinge sind gesellige und laute kleine Vögel. Sie bauen ihre Nester in Spalten und Ritzen. Der Haussperling ist in der ganzen Welt verbreitet.

Die Elster
Die Elster ist ein Krähenvogel. Sie baut Nester mit einem Schutzdach aus Ästen. Oft hört man ihr heiseres Schackern.

Die Fledermaus
Fledermäuse sind die einzigen Säugetiere, die fliegen können. Sie jagen in der Dämmerung und in der Nacht nach Insekten. Dabei orientieren sie sich mit Ultraschalltönen. Fledermäuse überwintern in Gruppen auf Dachböden und in Höhlen.

Die Katze
Katzen sind beliebte Haustiere. Sie sind anschmiegsam und dennoch eigenwillig. Eine Katze braucht Pflege und Zuwendung. Erhält sie die nicht, verwildert sie.

Die Meeresküste

Tiere der Meeresküste

An der Meeresküste gibt es Flut und Ebbe. An dieses ständige Zu- und Abfließen des salzigen Meerwassers haben sich die Tiere auf ganz unterschiedliche Art angepasst.

Der Einsiedlerkrebs
Im Unterschied zu anderen Krebsarten hat der Einsiedlerkrebs einen weichen Hinterleib. Um ihn zu schützen, lebt der Einsiedlerkrebs in einem leeren Schneckenhaus. Wenn er wächst, wird ihm sein Gehäuse zu eng. Dann sucht er sich einfach ein größeres Schneckenhaus.

Die Herzmuschel
Herzmuscheln kommen in großen Mengen vor. Sie bestehen aus zwei harten Muschelhälften, die das weiche Innere umschließen. Herzmuscheln ernähren sich von Algen.

Der Austernfischer
Der Austernfischer ist ein Watvogel. Austernfischer suchen in kleinen Trupps die Küste nach Muscheln und Schnecken ab.

Die Lachmöwe
Die Lachmöwe ist eine kleine Möwenart, die auch im Binnenland lebt. Sie brütet in Kolonien, wo auf engstem Raum ständiger Lärm ist.

Die Silbermöwe
Die Silbermöwe ist ein typischer Küstenbewohner. Ihre Schreie klingen laut und heiser. Die Silbermöwe frisst Krebse, Weichtiere, Fische, Vögel und auch Abfälle. Sie nistet in Dünen und an Felsen.

Die Strandkrabbe
Strandkrabben leben im flachen Wasser. Nachts gehen sie zur Nahrungssuche auch an den Strand.

Die Miesmuschel
Miesmuscheln heften sich an Steine oder Felsen und bilden oft größere Muschelbänke. Dort können sie zu Tausenden vorkommen. Miesmuscheln schmecken gut und werden im Herbst regelrecht geerntet.

Der Seestern
Obwohl es aussieht, als würden sie sich kaum bewegen, kriechen Seesterne ganz langsam über den Meeresgrund. Das tun sie mit Hilfe von Saugfüßen auf ihrer Unterseite. Mit diesen Saugfüßen können sie auch Muscheln öffnen um sie zu fressen. Der Mund der Seesterne befindet sich ebenfalls auf der Unterseite.

Der Seeigel
Seeigel gehören zu den Stachelhäutern. Sie bewegen sich langsam über den Meeresboden. Dort suchen sie Algen, die ihnen als Nahrung dienen.

Der Seehund
Seehunde gehören zu den Robben. An Land wirken sie eher unbeholfen. Sie sind gute Schwimmer und benutzen ihre Flossen als Paddel. Seehunde jagen Fische, Tintenfische und Krebse.

Der Teich

Tiere am Teich

Der Teich ist ein sehr empfindlicher Lebensraum. Verschmutzung und Düngemittel von den Feldern können ihm sehr schaden. In einem sauberen Teich können viel mehr Tiere leben als in einem geschädigten.

Der Kammmolch
Der Kammmolch lebt im Wasser. Er wird bis zu 18 cm lang und gehört zu den Schwanzlurchen.

Das Teichhuhn
Typisch für das Teichhuhn sind seine ruckartigen Bewegungen mit Kopf und Schwanz. Es klettert gern durch die Pflanzen am Ufer.

Der Storch
Der Storch baut sein großes Nest auf einem Dach oder Schornstein. Um einen anderen Storch zu begrüßen, klappert er mit dem Schnabel. Er ernährt sich von Fröschen und Mäusen, die er auf Wiesen und Feldern erbeutet. Den Winter verbringt er in Afrika.

Der Karpfen
Der Karpfen ist ein häufiger Süßwasserfisch. Karpfen werden auch in extra angelegten Teichen als Speisefisch gezüchtet.

Die Ringelnatter
Die Ringelnatter ist eine ungiftige Schlange, die gern am Wasser lebt. Sie kann gut schwimmen und tauchen. Bei Gefahr verspritzt die Ringelnatter aus einer Drüse eine stinkende Flüssigkeit.

Der Eisvogel
Wegen seines prächtigen Gefieders wird der Eisvogel auch »fliegender Edelstein« genannt. Der Eisvogel braucht ein natürliches Ufer. Um kleine Fische zu fangen, stürzt sich der Eisvogel kopfüber ins Wasser.

Die Libelle
Libellen sind blitzschnelle Flieger. Im Flug jagen sie andere Insekten. Die räuberischen Larven der Libellen leben im Wasser.

Der Wasserfrosch
Der Wasserfrosch gehört zu den Lurchen. Er legt seine Eier im Wasser ab. Aus den Eiern schlüpfen Kaulquappen, die sich nach und nach in Frösche verwandeln.

Die Stockente
Die Stockente ist die häufigste Ente in Europa. Das Männchen hat buntes Gefieder, das Weibchen ist unauffällig graubraun gefärbt. Es legt sieben bis elf Eier. Wenn die Jungen schlüpfen, können sie sofort schwimmen.

Der Hecht
In der flachen Uferzone wartet der Hecht auf seine Beute. Er lauert bewegungslos zwischen den Wasserpflanzen. Wenn ein Beutetier in seine Nähe kommt, schießt er heraus und packt es mit seinen scharfen Zähnen. Der Hecht ist ein Raubfisch.

Die afrikanische Savanne

Tiere der afrikanischen Savanne

Die Savanne ist ein weites, heißes Grasland, das von sehr vielen Tierarten bevölkert ist. Einige von ihnen leben in großen Herden. Auf langen Wanderungen durchstreifen sie die Savanne auf der Suche nach Nahrung.

Der Leopard
Leoparden sind Großkatzen. Wegen ihres schönen Felles sind sie in vielen Gebieten ausgerottet. Der Leopard kann gut klettern. Um seine Beute in Sicherheit zu bringen, schleppt er sie auf Bäume.

Der Strauß
Der Strauß ist der größte und schwerste Vogel der Erde. Er kann nicht fliegen, doch sehr schnell laufen. Er legt die größten Eier, die es gibt.

Die Giraffe
Die Giraffe wird bis über 5 m hoch. Mit ihrem langem Hals kann sie Blätter weit oben in Büschen und Bäumen erreichen.

Der Springbock
Der Springbock gehört zu den Gazellen. Er lebt in Herden und kann sehr schnell laufen.

Der Elefant
Der Elefant ist das größte lebende Landsäugetier. Mit seinem Rüssel reißt er Gras und Blätter ab. Er hat eine empfindliche Haut. Um sie vor Insekten zu schützen, badet er gern und bewirft sich mit Staub.

Das Nashorn
Nashörner sind stark gefährdete Tiere. Wilderer jagen sie wegen ihres Horns, dem fälschlicherweise geheimnisvolle Kräfte nachgesagt werden. Nashörner werden mehr als zwei Tonnen schwer. Sie ernähren sich von Blättern, Knospen und Zweigen. Sie wälzen sich gern im Schlamm, um lästige Fliegen loszuwerden.

Das Zebra
Die schwarz-weiß gestreiften Zebras sind Verwandte des Pferdes. Sie ziehen in Herden durch die Grassavanne.

Der Gepard
Der Gepard ist das schnellste Säugetier der Erde. Diese Großkatze kann auf der Jagd bis zu 110 km/h erreichen.

Der Geier
Geier ernähren sich von toten Tieren, dem Aas. In großer Höhe segelnd, erspähen Geier mit ihren scharfen Augen verendete Tiere.

Der Löwe
Der Löwe gehört zu den eindrucksvollsten Tieren der Erde. Um ihn ranken sich viele Märchen und Fabeln. Löwen leben in Gruppen. Nur die Männchen habe eine Mähne.

Alle Tiere von A bis Z

Wenn du ein bestimmtes Tier suchst, kannst du hier nachschauen, wo es lebt und auf welcher Seite es beschrieben ist: Schau nach, welche Farbe das Bild dieses Tieres hier hat und suche diese Farbe vorne im Buch! So findest du mehr über das Tier heraus. Der Fuchs (grün) lebt zum Beispiel im Wald (grün und ist auf Seite 12 beschrieben).

Kaiserpinguin 17

Kaninchen 28

Karpfen 44

Katze 37

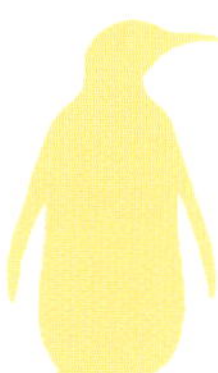

Königspinguin 17

Koralle 25

Korallenfisch 25

Krabbe (Strandkrabbe) 41

Kuckuck 13

Kuh 21

Lachmöwe 40

Leopard 48

Libelle 45

Löwe 49

Marder (Steinmarder) 20

Mauersegler 36

Miesmuschel 41

Molch (Kammmolch) 44

Morphofalter 32

Muräne 24

Nasenbär 33

Nashorn 49

Papageifisch 25

Pferd 20

Qualle 24

Raubmöwe 16

Rebhuhn 29

Reh 29

Ringelnatter 44

Schaf 20

Schwalbe
(Rauchschwalbe) 21

Schwein 20

Schwertwal 16

Seebär 17

Seeelefant 16

Seehund 41

Seeigel 41

Seeleopard 16

Seepferdchen 25

Seestern 41

Silbermöwe 40

Specht (Buntspecht) 12

Sperling 37

Storch 44

Strauß 48

Tapir 33

Taube 36

Teichhuhn 44

Tintenfisch 25

Tukan 33

Wildschwein 12

Zebra 49

Ziege 21